U0261761

〔第三辑〕

AR全景看·国之重器

天问一号

萧星寒 著/ 王建斌 主编/ 张 杰 总主编

北方联合出版传媒（集团）股份有限公司

辽宁少年儿童出版社

沈 阳

图书在版编目（CIP）数据

天问一号 / 萧星寒著；王建斌主编. — 沈阳：辽宁
少年儿童出版社，2024.6
（AR全景看·国之重器 / 张杰总主编. 第三辑）
ISBN 978-7-5315-9826-8

Ⅰ.①天… Ⅱ.①萧… ②王… Ⅲ.①火星探测器—
少年读物 Ⅳ.①V476.4-49

中国国家版本馆CIP数据核字(2024)第106937号

天问一号
Tianwen Yi Hao

萧星寒 著　王建斌 主编　张　杰 总主编
出版发行：北方联合出版传媒（集团）股份有限公司
　　　　　辽宁少年儿童出版社
出 版 人：胡运江
地　　址：沈阳市和平区十一纬路25号
邮　　编：110003
发行部电话：024-23284265　23284261
总编室电话：024-23284269
E-mail:lnsecbs@163.com
http://www.lnse.com
承 印 厂：鹤山雅图仕印刷有限公司

策　　划：胡运江 许苏葵 梁　严
项目统筹：梁　严
责任编辑：肖延斌 苏　萍
责任校对：贺婷莉
封面设计：精一·绘阅坊
版式设计：精一·绘阅坊
插图绘制：精一·绘阅坊
责任印制：孙大鹏

幅面尺寸：210mm×284mm
印　　张：3　　　　　字数：60千字
插　　页：4
出版时间：2024年6月第1版
印刷时间：2024年6月第1次印刷
标准书号：ISBN 978-7-5315-9826-8
定　　价：58.00元

AR使用说明

1 设备说明

本软件支持Android4.2及以上版本，iOS9.0及以上版本，且内存（RAM）容量为2GB或以上的设备。

2 安装App

①安卓用户可使用手机扫描封底下方"AR安卓版"二维码，下载并安装App。

②苹果用户可使用手机扫描封底下方"AR iOS 版"二维码，或在App Store 中搜索"AR 全景看·国之重器（第三辑）"，下载并安装 App。

3 操作说明

请先打开App，将手机镜头对准带有 图标的页面（P12），使整张页面完整呈现在扫描界面内，AR全景画面会立即呈现。

4 注意事项

①点击下载的应用，第一次打开时，请允许手机访问"AR全景看·国之重器（第三辑）"。

②请在光线充足的地方使用手机扫描本产品，同时也要注意防止所扫描的页面因强光照射导致反光，影响扫描效果。

丛书编委会

总 主 编 张 杰

分册主编（以姓氏笔画为序）

　　　　马娟娟　王建斌　孙宵芳　张劲文　赵建东

编　　　委（以姓氏笔画为序）

　　　　马娟娟　王建斌　孙宵芳　张劲文　赵建东

　　　　胡运江　梁　严　谢竞远　薄文才

主编简介

总主编

张杰：中国科学院院士，中国共产党第十八届中央委员会候补委员，曾任上海交通大学校长、中国科学院副院长与党组成员兼中国科学院大学党委书记。主要从事强场物理、X射线激光和"快点火"激光核聚变等方面的研究。曾获第三世界科学院（TWAS）物理奖、中国科学院创新成就奖、国家自然科学二等奖、香港何梁何利基金科学技术进步奖、世界华人物理学会"亚洲成就奖"、中国青年科学家奖、香港"求是"杰出青年学者奖、国家杰出青年科学基金、中国科学院百人计划优秀奖、中国科学院科技进步奖、国防科工委科技进步奖、中国物理学会饶毓泰物理奖、中国光学学会王大珩光学奖等。并在教育科学与管理等方面卓有建树，同时极为关注与关心少年儿童的科学知识普及与科学精神培育。

分册主编

王建斌：中国航天科工集团有限公司二院二部正高级研究员、总设计师，工学博士，博士研究生导师，长期从事国家重点项目研制工作，在航天器研制、发射与测控领域积累了丰富的经验，曾获得国家科技进步特等奖2项、二等奖1项，省部级科技进步奖3项，享受国务院政府特殊津贴待遇，获得6项发明专利授权，发表学术论文20余篇。

马娟娟：科普作家、国防科普教育专家，海军首部征兵宣传片《纵横四海 勇者无界》编导。中国科普作协国防科普委员会委员、中国科普作协科普教育专业委员会副秘书长，长期从事海洋与国防科普传播工作，撰写多篇国防科普教育论文，创作多部科普作品。策划组织了庆祝人民海军成立70周年系列活动、海洋与国防科普全国青少年系列活动、"中科小海军"系列课程进校园活动等，所策划组织的多项活动获得中央电视台、新华社、中国教育网、科普中国、科技日报、全军融媒体关注及报道。

张劲文：教授、教授级高级工程师，工学博士，管理学博士后，博士研究生导师，现任广州航海学院党委委员、副校长，广东省近海基础设施绿色建造与智能运维高校重点实验室主任，曾任港珠澳大桥工程总监，享受国务院政府特殊津贴待遇，"全国五一劳动奖章""中国公路青年科技奖"获得者，并获"广州市优秀专家"称号。科研成果获广东省科技进步特等奖、教育部科技进步一等奖等奖项共10项。

孙宵芳：北京交通大学电子信息工程学院副教授，信息与通信工程博士，研究生导师，长期从事5G通信、5G物理层研发、无线资源优化管理、非正交多址技术、无人机无线通信技术、铁路专用移动通信的研究，主持和参与多项国家自然科学基金、国家自然科学重点基金、重点研发计划等项目。

赵建东：中国自然资源报社融媒体中心主任、首席记者，长期跟踪我国极地事业发展报道。2009年10月—2010年4月，曾参加中国南极第26次科学考察，登陆过中国南极昆仑站、中山站、长城站三个科考站，出版了反映极地科考的纪实性图书——《极至》。2021年，牵头编著出版"建设海洋强国书系"，且该书系被评为全国优秀科普图书。其作品曾获第23届中国新闻奖，在2016年、2018年两次入围中国新闻工作者最高奖"长江韬奋奖"最后一轮。

序

　　我国科技正处于快速发展阶段，新的成果不断涌现，其中许多都是自主创新且居于世界领先地位，中国制造已成为我国引以为傲的名片。本套丛书聚焦"中国制造"，以精心挑选的六个极具代表性的新兴领域为主题，并由多位专家教授撰写，配有500余幅精美彩图，为小读者呈现一场现代高科技成果的饕餮盛宴。

　　丛书共六册，分别为《天问一号》《长征火箭》《南极科考》《和平方舟》《超级港口》《5G通信》。每一册的内容均由四部分组成：原理、历史发展、应用剖析和未来展望，让小读者全方位地了解"中国制造"，认识到国家正在日益强大，从而增强民族自信心和自豪感。

　　丛书还借助了AR（增强现实）技术，将复杂的科学原理变成一个个生动、有趣、直观的小游戏，让科学原理活起来、动起来。通过阅读和体验的方式，引导小朋友走进科学的大门。

　　孩子是国家的未来和希望，学好科技，用好科技，不仅影响个人发展，更会影响一个国家的未来。希望这套丛书能给小读者呈现一个绚丽多彩的科技世界，让小读者遨游其中，爱上科学研究。我们非常幸运地生活在这个伟大的新时代，我们衷心希望小读者们在民族复兴的伟大历程中筑路前行，成为有梦想、有担当的科学家。

中国科学院院士

目 录

亲爱的小朋友，太阳系有八大行星，除了地球以外还有七个行星，你知道为什么人们偏偏对火星——而不是其他行星，兴趣这么大吗？

500多年前，意大利航海家哥伦布以为只要横越一望无际的大西洋就能到达印度和中国，他的愿望没能实现，却意外地发现了新大陆——美洲。

美洲的发现开启了大航海时代，开启了地理大发现，开启了第一次科学革命，开启了全球性殖民运动，彻底改变了整个人类的历史进程，间接地奠定了今日地球的政治版图与地缘格局。

在500多年后的今天，火星成了人类梦想中的又一个"新大陆"。

火星就像是地球的双胞胎弟弟一样。它比地球要小一些，火星上的一天仅比地球上的一天多出37分钟；它有稀薄的大气，还有罕见的液态水；它和地球一样，绕着太阳"转圈"，与地球最近时，距离是5500万千米，最远则达4亿千米。

火星与人类的关系一直都很紧密。

火星地表遍布赤铁矿（氧化铁），因此外观呈现出鲜红色，在夜空中分外显眼。世界各地的古文明都有关于它的神话传说。古希腊人称它为"战神阿瑞斯"，古罗马人继承了古希腊人的神话，将火星称为"战神马尔斯"——这是如今火星英文名字Mars的来历。火星看上去"荧荧如火"，亮度常有变化，在夜空中的轨迹也很复杂，令人迷惑，所以，中国古人为它取名"荧惑"。

德国天文学家开普勒

　　在16世纪之前，欧洲人普遍相信托勒密的"地心说"，认为地球是宇宙的中心，反对这种说法的人都被送上了火刑柱。17世纪初，德国天文学家开普勒经过对火星的长期观察，发现火星的轨迹令人迷惑，只能用它是一颗行星，地球是另一颗行星，两者都围绕太阳旋转来解释。开普勒的这一结论，证明了哥白尼的"日心说"。在此基础上，开普勒又陆续提出了"行星运动三大定律"。开普勒由此被称为"为天空立法之人"，该定律也为黑暗时代终结、科学和工业革命开始提供了强有力的理论武器。

　　那么，现在研究火星，会有哪些全新的收获呢？将来登陆火星，是否会开启大航天时代？对全人类的未来又会有怎样的改变呢？所有人都拭目以待。

在伽利略发明天文望远镜之后，火星一直都是天文学家观察的重点，迄今天文学家已取得了相当可观的成就。虽然技术上人类暂时还无法把航天员送至火星，但无人探测器已率先抵达。

1957年10月4日，苏联制造的世界上第一颗人造地球卫星斯普特尼克1号被送入轨道，开启了人类的航天时代，随后苏联就着手开展火星探测。

1960年10月10日，苏联发射了火星探测器火星1A号，失败；4天后发射火星1B号，再次失败……到1974年为止，苏联发射了15颗火星探测器，以失败居多，科学成果有限。后来，苏联解体，俄罗斯接手火星探测工作，又先后发射了4颗火星探测器，均以失败告终。

火星1A号

火星1A号的运载火箭
"8K78"火箭

以失败告终的
俄罗斯火星96号探测器

在火星探测领域，美国一直遥遥领先。美国所发射的探测器，有一半取得了成功。1964年，美国向火星发射了水手3号和水手4号，其中水手3号失败，水手4号则于1965年7月14日第一个飞越火星。1972年1月3日，水手9号成为第一颗人造火星卫星。1976年7月20日，海盗1号成功着陆于火星克里斯平原，科学家们第一次看到了火星那略带粉红色的天空。1997年7月4日，火星探路者号探测器成功着陆，它携带的索杰纳号是人类历史上第一辆火星探测车。2004年，美国的火星车机遇号和勇气号先后抵达火星。其后，好奇号和毅力号火星车也分别于2012年和2021年登陆火星。

美、苏之外，还有印度的曼加里安号和阿联酋的希望号探测器也取得了成功，而日本和欧洲发射的一系列火星探测器却都失败了。显然，在飞向火星的探险之旅中充满了令人无法想象的困难与危险。

海盗1号　　机遇号　　毅力号

索杰纳号

火星探路者号

绕 绕，指环绕，探测器要像人造地球卫星环绕地球一样，环绕火星运行。

落 落，指着陆，探测器要在火星地表上软着陆，完好无损，并能正常工作。

巡 巡，指巡视探测，探测器要在火星地表上行驶，四处走走看看，深入考察火星。

　　2011年11月9日，中国研制的首个火星探测器"萤火一号"搭乘俄罗斯的运载火箭发射升空，未能进入预定轨道，任务宣告失败。

　　求人不如求己，中国开始了自己的火星探测计划，天问一号任务于2016年1月批准立项，并且定下了要一次性完成"绕、落、巡"三大任务的目标。

　　在此之前，世界上还从来没有哪个国家能够一次性完成这三大任务。但中国航天人勇于挑战，迎难而上。

　　天问一号刚一立项，研制团队就马不停蹄地忙碌起来，仅用了短短4年时间，便从无到有，研制出天问一号火星探测器。

天问一号与火星交会，成功实施捕获制动进入环绕火星轨道，成为我国第一颗环绕火星的人造卫星。这一天临近中国农历春节，是中国航天人为全国人民献上的新年礼物。

2021年2月10日

2020年7月23日

天问一号在文昌航天发射场由长征五号遥四运载火箭发射升空，开始了中国人的火星探险之旅。

从地球到火星，天问一号飞了202天，飞行距离为4.75亿千米，平均飞行速度为每小时10万千米。在此期间，天问一号经历多次轨道修正与深空机动。

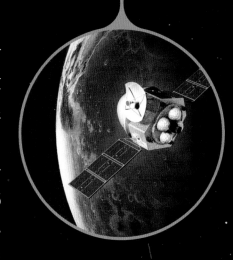

2021年2月24日

天问一号进入火星停泊轨道，开始使用各种仪器对火星表面，尤其是预定的着陆场地乌托邦平原进行观察。

天问一号着陆巡视器成功
地在火星乌托邦平原着陆，环
绕器则继续在轨道上环绕火星
运行。

2021年5月15日

2021年5月22日

火星车祝融号离开着陆
器，成功驶上火星地表，开始
进行巡视。它对火星的地表形
貌、土壤特性、物质成分、水
冰、大气、电离层、磁场等进
行科学探测。

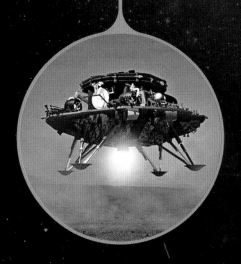

　　由此，天问一号三大任务"绕、落、巡"都圆满完成。
　　迄今为止，人类共实施了47次火星探测任务，成功或部分成功的仅25
次，而对火星着陆任务，目前共实施22次，仅成功10次。中国第一次的火
星探测任务就圆满成功，在世界航天史上是一大创举，也是一大奇迹。

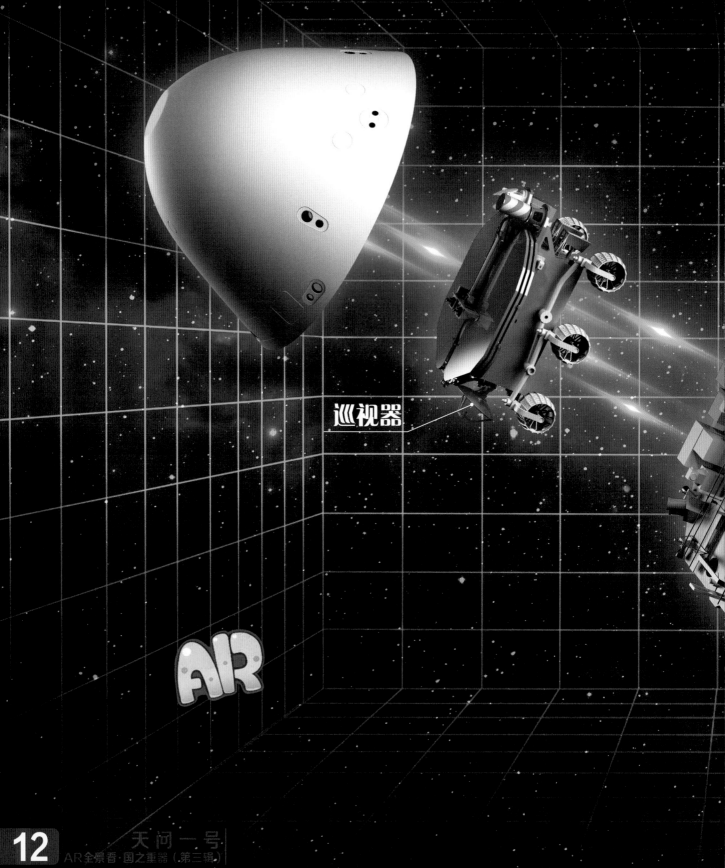

巡视器

AR

中国古代演义小说里，经常用"花开两朵，各表一枝"来描写同时发生的两件事情，像天问一号这样复杂的仪器，要同时完成"绕、落、巡"三大史诗级任务，"花开两朵"还不够，得"花开三朵"才行。天问一号探测器总质量达到5吨，是有史以来最大、最重、最先进的火星探测器。它由环绕器、着陆器和巡视器三大部分组成。三者的关系可以简单表述为环绕器包裹着着陆器，着陆器包裹着巡视器，正好对应三大史诗级任务。

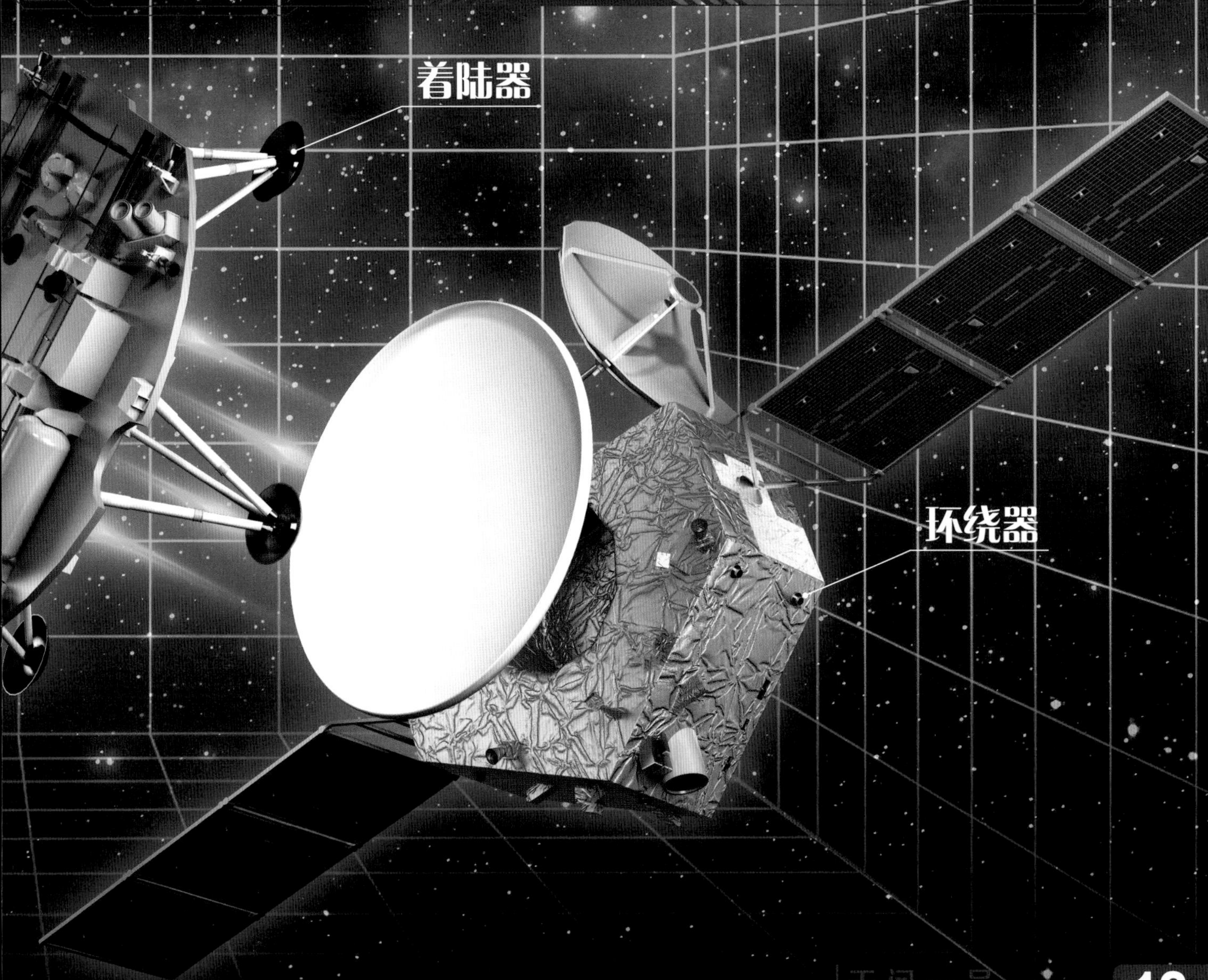

着陆器

环绕器

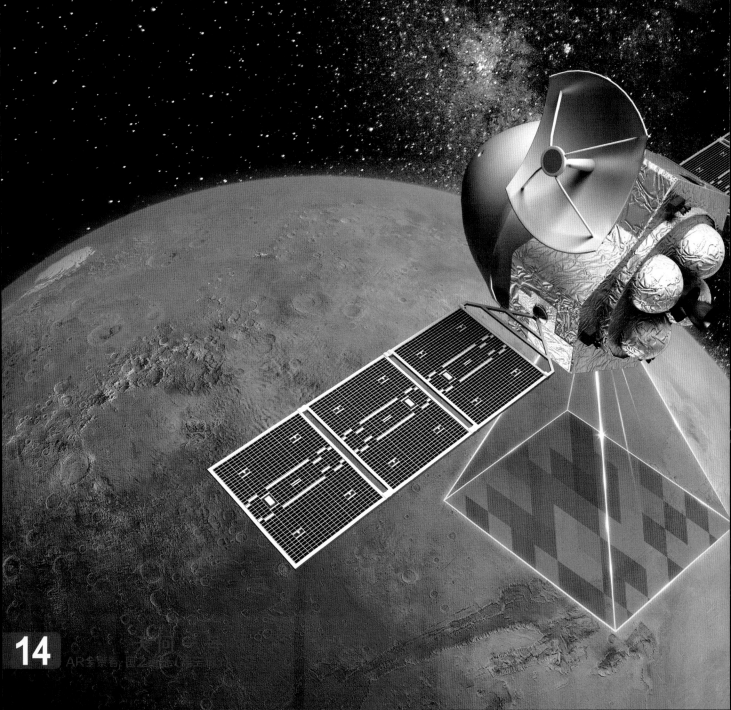

第一节 被低估的多面手——环绕器

天问一号环绕器长4.5米、宽3.5米，在火星探测任务中身兼数职。

在飞往火星的途中，环绕器是运输机。着陆器和火星车都在它怀里安静地躺着，它一边承受太空里的各种辐射，一边接受指令，修正轨道，向火星飞去。

在抵达火星轨道之后，环绕器是侦察员。这是中国人第一次火星探险之旅，对于火星的地形、地貌，我们是完全陌生的。因此，抵达火星轨道后，环绕器在轨道上花了三个月的时间，对火星尤其是着陆区乌托邦平原进行综合考察，包括成像、勘察等，还采集了火星大气等数据，为接下来着陆火星做好准备。

在释放着陆器与火星车之后，环绕器又摇身一变，变成了通信员与火星观察者。着陆器、火星车与地球的相互通信，都要靠环绕器来中转，而环绕器本身也携带了大量的科学仪器，在环绕火星的同时，它还对火星的方方面面进行了非常详细的观察。

在天问一号"绕、落、巡"三大任务中，"落"是最复杂、最困难、最危险的关键环节。

首先，着陆器与地球的无线电信号有10分钟左右的延迟，地面无法进行实时测控干预，着陆器必须自行判断指令执行的效果。

其次，这是中国第一次以降落伞的方式将着陆器软着陆到地外行星，而火星的大气密度仅为地球的0.6%~0.7%，引力为地球的38%，地球上的实验数据无法直接应用到火星上。

再次，火星天气变化复杂，难以预测。而突然发生的沙尘暴与闪电可以彻底摧毁降落中的着陆器。

着陆器从火星轨道着陆火星的过程，分为五个阶段。

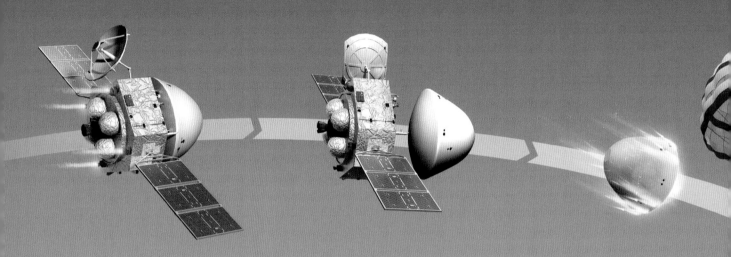

第一阶段：降轨

在下降前5小时，轨道器发动机点火，进入近火点50千米的大椭圆轨道。

第二阶段：分离

在距离地面100多千米处，实现轨道器和着陆器分离。随后轨道器点火，回到环绕轨道，而着陆器开始着陆。

第三阶段：减速

着陆器有三个减速过程：气动减速，靠大气摩擦减速；伞降减速，11千米高的时候，超音速减速伞打开；动力减速，减速发动机点火，四条着陆腿展开。

通过调整发动机推力，使着陆器悬停在100米高的半空，着陆器在此自主分析并选择适宜着陆的地点。

第五阶段：着陆

着陆器不负重托，缓缓降落在火星表面，首降即成功，它成了中国人探测火星的桥头堡。

第三节 漫游者与探险家——巡视器

巡视器，俗称火星车。2021年3月2日，在中国首辆火星车全球征名活动中，祝融号以超过50万的选票荣登榜首。祝融是中国神话中的火神，火星车以祝融命名，寓意着它将点燃我国星际探测的火种，指引人类对浩瀚星空、未知宇宙进行持续探索和超越。因此，在环绕器、着陆器和巡视器三兄弟中，巡视器获得了最高的人气。

祝融号高1.85米，重240千克。它采用主动悬架，6个车轮均可独立驱动，独立转向。除前进、后退、四轮转向行驶等功能之外，它还具有蠕动脱陷、蠕动爬坡、车厢升降防托底、悬架主动折展、车轮抬起等独特功能，具有很强的脱陷能力和爬坡能力。火星没有平整路面，这些能力对于祝融号来说尤为重要。

为了安全，祝融号在火星上的速度非常慢，仅仅为40米/小时。

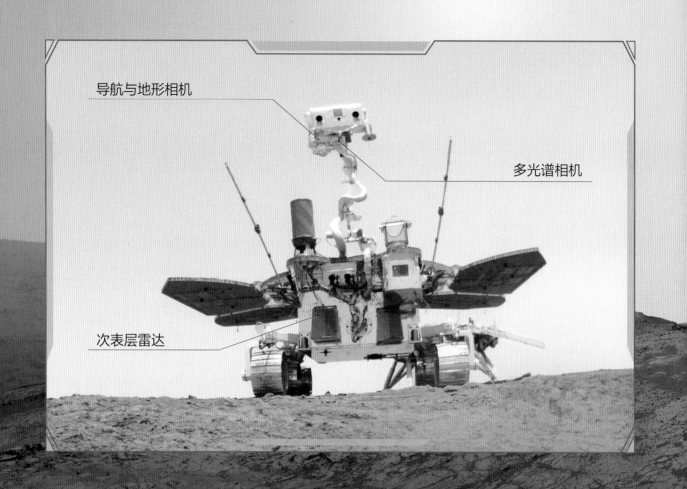

导航与地形相机

多光谱相机

次表层雷达

　　祝融号上有很多科学仪器。

　　导航与地形相机安装在火星车桅杆的顶端。它负责不断观察和记录祝融号的周边环境，一方面用于祝融号进行自主行走，一方面作为科学数据记录下来，在每天的例行汇报中传回地球。

　　次表层雷达的接收天线就像两根胡须，位于祝融号的前部。次表层雷达通过电磁波来观察火星地表下约100米深的地层特征，包括含水层、沉积层等等。

　　多光谱相机安装在导航与地形相机的中间，用于观察不同光谱下的火星地表影像，进而研究火星表面物质组成，识别火星表面岩石类型，探查火星表面次生矿物，开展表面矿物组成分析。

　　此外，祝融号还携带着表面成分探测仪、火星气象测量仪、火星表面磁场探测仪等。

天问一号
AR全景看·国之重器（第三辑）

据传，屈原被逐，内心忧愤不已，过楚先王之庙及公卿祠堂，看到墙壁上有天地、山川、神灵等故事，因而写下长诗《天问》。全诗仅一千多字，却提出了一百七十多个问题。所问之事，都是上古传说中不甚可解的怪事、大事。

及至今日，经由无数人的探索，《天问》中所问的问题，很多都已经得到了解答。尤其是近现代，在全世界一代又一代科学家与工程师的共同努力下，我们对火星——那一颗无比遥远又无比神秘的星球——有了更加全面、深入和细致的认识，为继续"天问"打下了坚实的基础。

第一节 研制团队

　　天问一号研制团队由叶培建院士担任总指挥、总设计师顾问，孙泽洲担任火星探测器总设计师。参研单位多达几百家。比如，环绕器由中国航天科技集团有限公司八院设计，总设计师为牛俊坡。

　　整个研制团队多线并行、多地并进，多种状态、多种流程串联并行，人多事多，关系极其复杂。幸而，研制团队发挥全国大协作精神，精心策划、精准实施，按照"高质量、高效率、高效益"的要求开展工作，最终确保我国第一次火星探测任务得以顺利进行。

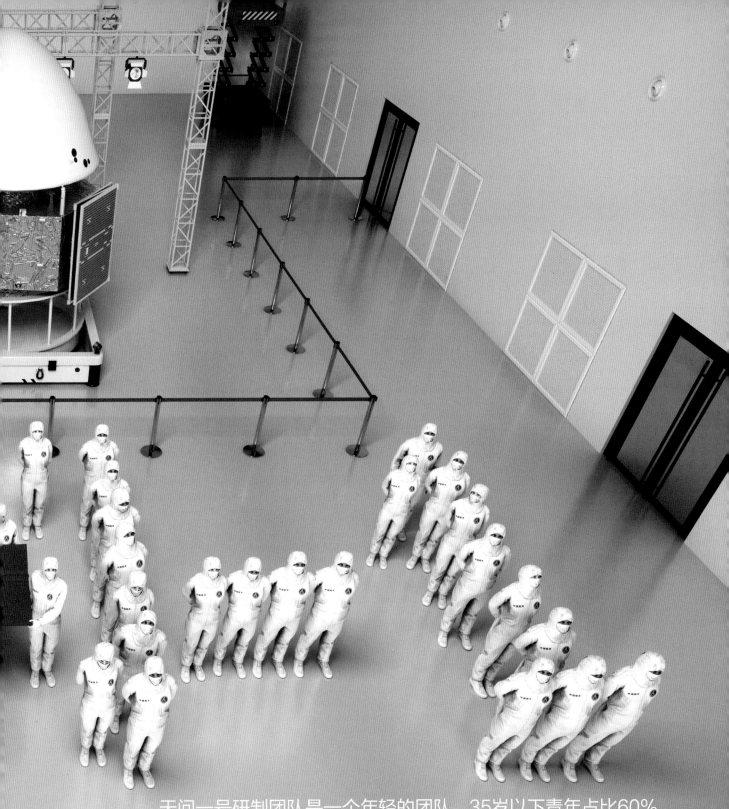

　　天问一号研制团队是一个年轻的团队，35岁以下青年占比60%以上，主任设计师平均年龄不到37岁。火星探测器总设计师孙泽洲在接受记者采访时说，青年人已经成为推动航天事业发展的生力军和中坚力量，航天事业的迅猛发展也为青年提供了自我成长的舞台和机会。

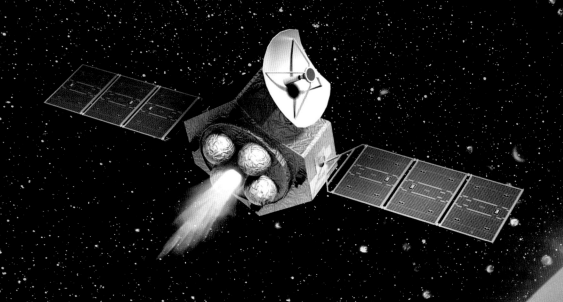

1 高科技材料

从地球到火星，天问一号要在极为复杂多变的危险环境下工作很长时间，对材料的各种性能都提出了极高的要求，传统材料无法胜任。为此，研制团队专门研发了很多新型高科技材料。

在太空中，探测器被太阳照射的一面，温度有几百摄氏度之高，而背对太阳的一面，则是零下一百多摄氏度。探测器会旋转，这样它的表面温度就会有几百摄氏度的变化。"有机热控涂层"通过调控温度，可以保证探测器能够在如此极端与复杂的温度下正常工作。

着陆器着陆时，会与火星大气摩擦，产生高热，并发生复杂的物理、化学反应。在这一过程中，着陆器表面的"蜂窝增强低密度烧蚀防热材料"会挥发掉，带走大量的热量。同时，它还有良好的保温隔热性能，能有效地保护着陆器不被烧坏。

　　此外，还有纳米气凝胶、高精尖铝材、特种吸能合金、连续纤维增强中密度防热材料、新型镁铝合金、新型铝基碳化硅复合材料等。

2 幕后大功臣——长征五号

长征五号火箭总长度为56.97米,捆绑四枚助推器,芯一级、芯二级的直径为5米,助推器直径为3.35米。

长征五号是中国目前运载能力最强的火箭,起飞质量约为869吨,具备近地轨道25吨、地球同步转移轨道14吨的运载能力,人送绰号"胖五"。

2016年11月3日,长征五号在文昌航天发射场首次成功发射,这是中国由航天大国迈向航天强国的关键一步。在天问一号之外,嫦娥五号月球探测器、天和号核心舱等重要航天器也都是由长征五号发射的。

3 后勤管家——深空测控系统

　　火星探测任务不可能只靠天问一号完成，在它背后，有一个庞大的深空测控系统在支持。

　　深空测控系统是由天问一号上的星载测控分系统、地面的深空测控站、深空任务飞行控制中心以及将地面各组成部分连接在一起的通信网络构成的。

　　参与测控天问一号的深空测控机构主要有黑龙江佳木斯66米直径天线测控站和新疆喀什35米直径天线测控站以及甚长基线干涉测量（VLBI）分系统。在天津还新建了亚洲最大的单口径全可动天线，主反射面直径70米。它能可靠地接收天问一号发回来的科学数据，并进行处理、解译和研究。

AR全景看·国之重器（第三辑）

2022年9月，在法国巴黎召开的第73届国际宇航大会上，天问一号团队获得了2022年度"世界航天奖"，该奖是国际宇航联合会年度最高奖。国际宇航联合会表示，天问一号团队为成功探索火星提供了创新性的选择，并为推进深空探测技术做出了杰出贡献。

这只是天问一号获得的无数荣誉之一。

在中国航天发展史上，天问一号取得的成就非常多。

第**1**次 实现地外行星软着陆

第**1**次 实现地外行星表面巡视探测

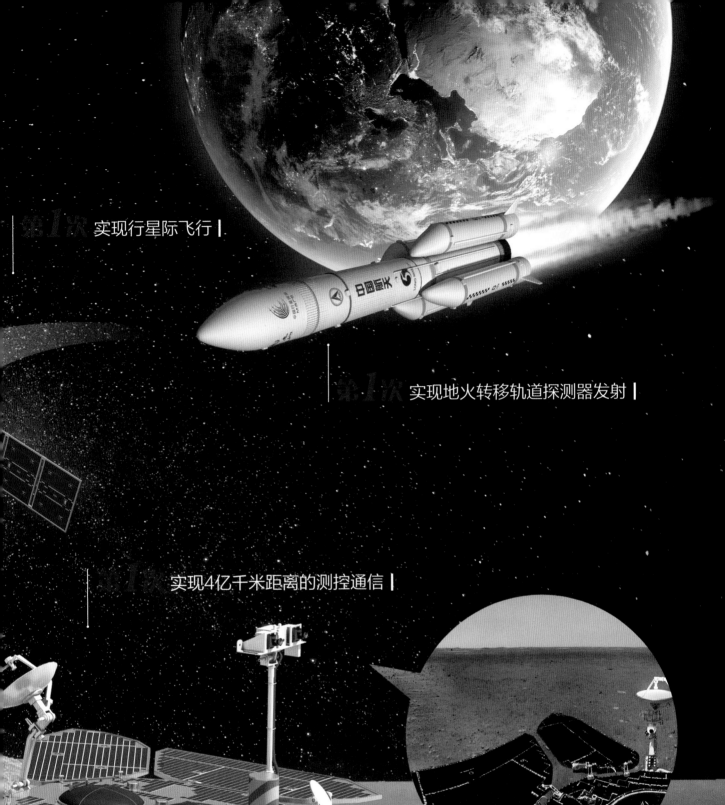

第1次 实现行星际飞行

第1次 实现地火转移轨道探测器发射

第1次 实现4亿千米距离的测控通信

第1次 获取第一手的火星科学数据

截至2022年9月15日，环绕器已经在轨运行了780多天，祝融号累计行驶了1921米，完成了既定的科学探测任务，获取了多达1480GB的原始科学探测数据。对这些数据的进一步分析，将使我们对火星的认识达到历史最高水平。

　　我国科学家通过祝融号，在乌托邦平原南部探测到了"水合硫酸盐/二氧化硅材料"，这是一种水合矿物。在此之前，科学家便猜测火星有水，而这种水合矿物第一次证实了科学家的猜测。

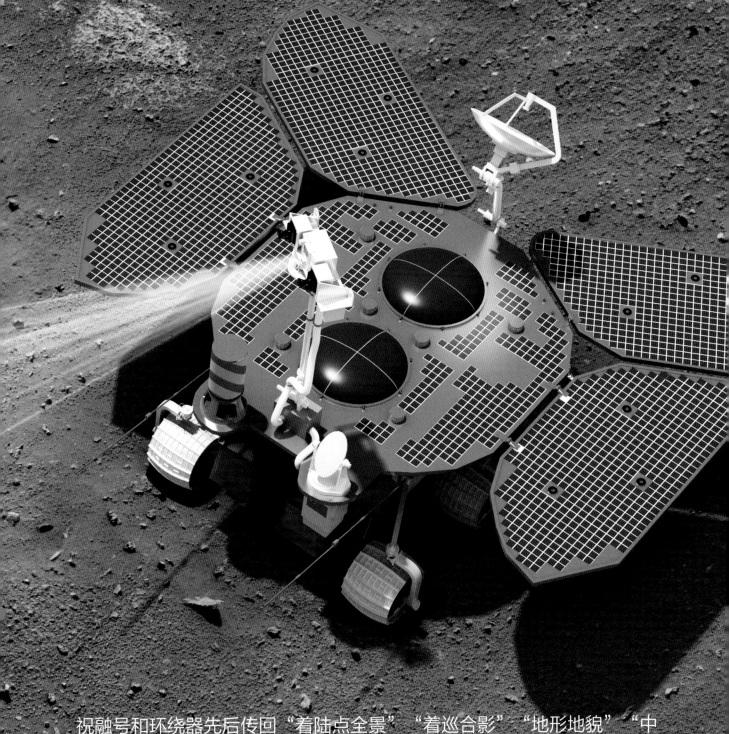

祝融号和环绕器先后传回"着陆点全景""着巡合影""地形地貌""中国印迹"等重要影像图，这些火星影像和水合矿物一样，不但能够帮助我们了解火星的历史、气候环境和地质构造，而且对未来人类探索火星、建设火星、改造火星，有着深远而至关重要的影响。

总之，天问一号的成功极大地激发了中国人民的民族自豪感和自信心，是我们伟大祖国综合国力和创新能力的重要体现，更是中华民族伟大复兴的一个里程碑事件。

　　"天何所沓？十二焉分？日月安属？列星安陈？"两千多年前，屈原写下长诗《天问》，以一连串的问题表达了其对真理追求的坚韧与执着。

　　将中国的行星探测工程命名为"天问"系列，正是体现了中国人对自然和宇宙空间探索的文化传承，寓意着探求科学真理征途漫漫，也意味着追求科技创新永无止境。

　　是的，天问一号火星探测任务只是中国人征服星辰大海的一小步。

　　"天问系列"以"揽星九天"作为中国行星探测工程的图形标识。"揽星九天"图形标识承载着中国人航天强国的梦想，为人类和平利用太空，推动构建人类命运共同体贡献更多中国智慧、中国方案和中国力量。

列星安陈？　日月安属？　十二焉分？　天何所沓？

天问一号任务还在进行中，后续计划已经公开。

2025年，我国将发射天问二号，实现近地小行星2016 HO₃的探测任务，然后再飞往小行星带中的主带彗星311P，执行观测任务。

2028年，我国将发射天问三号，预计2031年7月完成从火星取样再返回地球的史诗级任务，为将来航天员登陆火星打下坚实的基础。

2030年，我国将发射天问四号。它将于2034年飞抵木星附近，于2045年飞抵更加遥远的天王星。

亲爱的小朋友，你对此是否很期待？想不想参与其中呢？